KB200883

4-6세
만 3-5세

쓰고 그리고 칠하면서 머리가 좋아지는

토토 창의력 색칠하기

창의수학연구소 **지음**

HB한빛에듀

창의수학연구소는

창의수학연구소를 이끌고 있는 장동수 소장은 국내 최초의 창의력 교재인 [창의력 해법수학]과
영재교육의 새 지평을 연 천재교육 [로드맵 영재수학] 등 250여 권이 넘는 수학 교재를 집필했습니다.
창의수학연구소는 오늘도 우리 아이들이 어떻게 공부에 재미를 붙이고 창의력을 키워나갈 수 있게 할 것인지를 고민하며,
좋은 책과 더 나은 학습 환경을 만들기 위해 노력합니다.

쓰고 그리고 칠하면서 머리가 좋아지는
톡톡 창의력 색칠하기 4-6세(만3-5세)

초판 1쇄 발행 2015년 12월 20일
초판 4쇄 발행 2020년 11월 10일

지은이 창의수학연구소 **펴낸이** 김태헌
총괄 임규근 **책임편집** 김혜선 **기획편집** 전정아 **진행** 강교리
디자인 천승훈
영업 문윤식, 조유미 **마케팅** 박상용, 손희정, 박수미 **제작** 박성우, 김정우
펴낸곳 한빛에듀 **주소** 서울특별시 서대문구 연희로2길 62 한빛미디어(주) 실용출판부
전화 02-336-7129 **팩스** 02-325-6300
등록 2015년 11월 24일 제2015-000351호 **ISBN** 978-89-6848-401-8 64410

이 책에 대한 의견이나 오탈자 및 잘못된 내용에 대한 수정 정보는 한빛에듀의 홈페이지나 아래 이메일로
알려주십시오. 잘못된 책은 구입하신 서점에서 교환해 드립니다. 책값은 뒤표지에 표시되어 있습니다.

한빛에듀 홈페이지 edu.hanbit.co.kr / **이메일** edu@hanbit.co.kr

지금 하지 않으면 할 수 없는 일이 있습니다.
책으로 펴내고 싶은 아이디어나 원고를 메일(writer@hanbit.co.kr)로 보내주세요.
한빛미디어(주)는 여러분의 소중한 경험과 지식을 기다리고 있습니다.

부모님, 이렇게 도와 주세요!

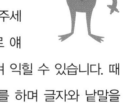

❶ 우리 아이, 창의력 활동이 처음이라면!

아이가 창의력 활동이 처음이더라도 우리 아이가 잘할 수 있을까 하고 걱정할 필요는 없습니다. 중요한 것은 어느 나이에 시작하느냐가 아니라 아이가 재미있게 창의력 활동을 시작하는 것입니다. 따라서 아이가 흥미를 보인다면 어느 나이에 시작하든 상관없습니다.

❷ 큰 소리로 읽고, 쓰고 그릴 수 있도록 해 주세요

큰 소리로 읽다 보면 자신감이 생깁니다. 자신감이 생기면 쓰고 그리는 활동도 더욱 즐겁고 재미있습니다. 각각의 페이지에는 우리 아이에게 친근한 사물 그림과 이름도 함께 있습니다. 그냥 눈으로만 보고 넘어가지 말고 아이랑 함께 크게 읽어 보세요. 처음에는 부모님이 먼저 읽은 후 아이가 따라 읽게 합니다. 나중에는 아이가 먼저 읽게 한 후 부모님도 동의하듯 따라 읽어 주세요. 그러면 아이의 성취감은 더욱 높아지고 한글 쓰기 활동이 놀이처럼 재미있어집니다.

❸ 아이와 함께 이야기를 하며 풀어 주세요

이 책에는 여러 사물이 등장합니다. 아이가 각 글자를 익히면서 연관된 사물을 보고 이야기를 만들 수 있도록 해주세요. 함께 보고 만져 보았거나 체험했던 사실을 바탕으로 얘기를 하면서 아이가 자연스럽게 사물과 낱말을 연결시켜 익힐 수 있습니다. 때에 따라서는 직접 해당 사물을 옆에 두고 함께 이야기를 하며 글자와 낱말을 생생하게 익힐 수 있도록 해 주세요.

❹ 아이의 생각을 존중해 주세요

아이가 한글 쓰기를 하면서 가끔은 전혀 예상하지 못했던 생각을 펼치거나 질문을 할 수도 있습니다. 그럴 때는 아이가 왜 그렇게 생각하는지 그 이유를 차근차근 물어보면서 아이의 생각이 맞다고 인정해 주세요. 부모님이 아이를 믿고 기다려 주는 만큼 아이의 생각과 창의력은 성큼 자랍니다.

이 책과 함께 보면 좋은
톡톡 창의력 시리즈

유아 기초 교재

창의력 활동이 처음인 아이라면 선 긋기, 그림 찾기, 색칠하기, 미로 찾기, 숫자 쓰기, 종이 접기, 한글 쓰기, 알파벳 쓰기 등의 톡톡 창의력 시작하기 교재로 시작하세요. 아이가 좋아하는 그림과 함께 칠하고 쓰고 그리면서 자연스럽게 필기구를 다루는 방법을 익히고 협응력과 집중력을 기를 수 있습니다.

유아 창의력 수학 교재

아이가 흥미를 느끼고 재미있게 창의력 활동을 시작할 수 있도록 아이들이 좋아하는 그림으로 문제를 구성했습니다. 또한 아이들이 생활 주변에서 흔히 접할 수 있는 친근하고 재미있는 문제를 연령별 수준과 난이도에 맞게 구성했습니다. 생활 주변 문제를 반복적으로 풀어봄으로써 상상력과 창의적 사고를 키우는 습관을 자연스럽게 기를 수 있습니다.

5세
___
1권

6세
___
1~5권

7세
___
1~6권

예비
초등
6~7세

그림으로 배우는 유아 창의력 수학 교재

글이 아닌 그림으로 문제를 구성하여 아이가 자유롭게 상상하며 스스로 질문을 찾아 문제 해결력을 높일 수 있도록 했습니다. 가끔 힌트를 주거나 간단한 가이드 정도는 주되, 아이가 문제를 바로 이해하지 못하더라도 부모님이 직접 가르쳐주지 마세요. 옆에서 응원하고 기다리다 보면 아이 스스로 생각하며 해결하는 능력을 깨우치게 됩니다.

이 책의 내용

- ★ 동그라미 모양 색칠하기
- ★ 달걀 모양 색칠하기
- ★ 하트 모양 색칠하기
- ★ 네모 모양 색칠하기
- ★ 다이아몬드 모양 색칠하기
- ★ 세모 모양 색칠하기
- ★ 화살표 모양 색칠하기
- ★ 별 모양 색칠하기
- ★ 십자가 모양 색칠하기
- ★ 과일 색칠하기
- ★ 탈것 색칠하기
- ★ 꽃 색칠하기
- ★ 공룡 색칠하기
- ★ 물고기 색칠하기
- ★ 동물 색칠하기
- ★ 곤충 색칠하기
- ★ 여러 가지 색칠하기

색칠하기

동그라미 모양

친구들이 조심조심 건널목을 건너고 있어요.
신호등을 예쁘게 색칠해 보세요.

여기저기 크고 작은 동그라미들이 있어요.
동그라미들을 예쁘게 색칠해 보세요.

무당벌레가 날개를 활짝 펴고 날고 있어요.
무당벌레를 예쁘게 색칠해 보세요.

꼬마 친구가 커다란 달걀을 안고 있네요.
달걀 모양을 예쁘게 색칠해 보세요.

달걀 모양

달걀이 여덟 개 있어요.
달걀을 예쁘게 색칠해 보세요.

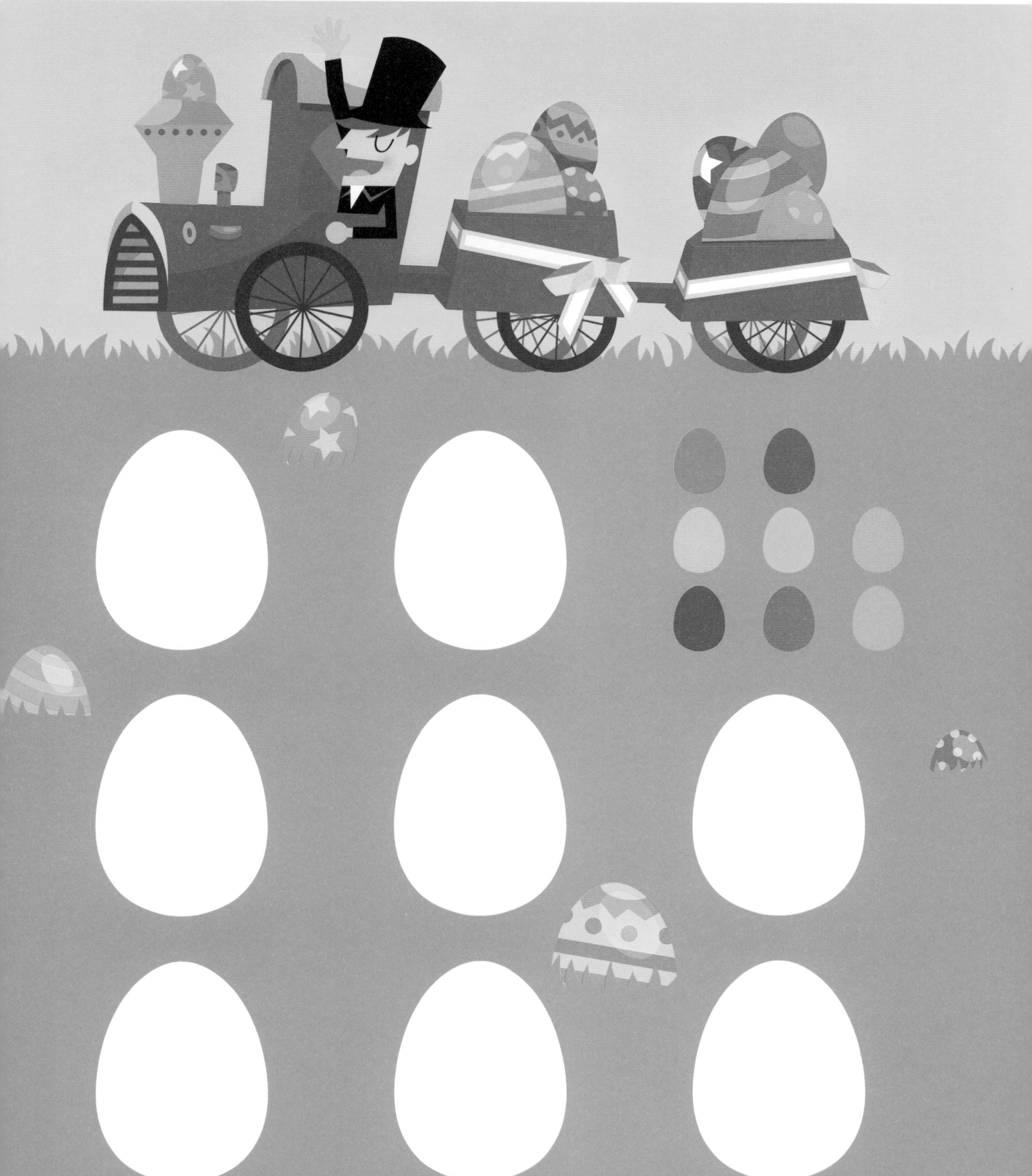

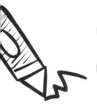

커다란 달걀이 있어요.
달걀에 여러 가지 색을 예쁘게 칠해 보세요.

14

뒤뚱뒤뚱 종이 오리 인형이 있어요.
오리 모양을 예쁘게 색칠해 보세요.

하트가 기분 좋게 웃고 있어요.
하트 모양을 예쁘게 색칠해 보세요.

하트 모양

사과나무에 커다란 사과가 열렸어요.
사과를 예쁘게 색칠해 보세요.

하트를 여러 조각으로 나누었어요.
하트 조각을 예쁘게 색칠해 보세요.

반짝반짝 보석 반지가 있어요.
반지 모양을 예쁘게 색칠해 보세요.

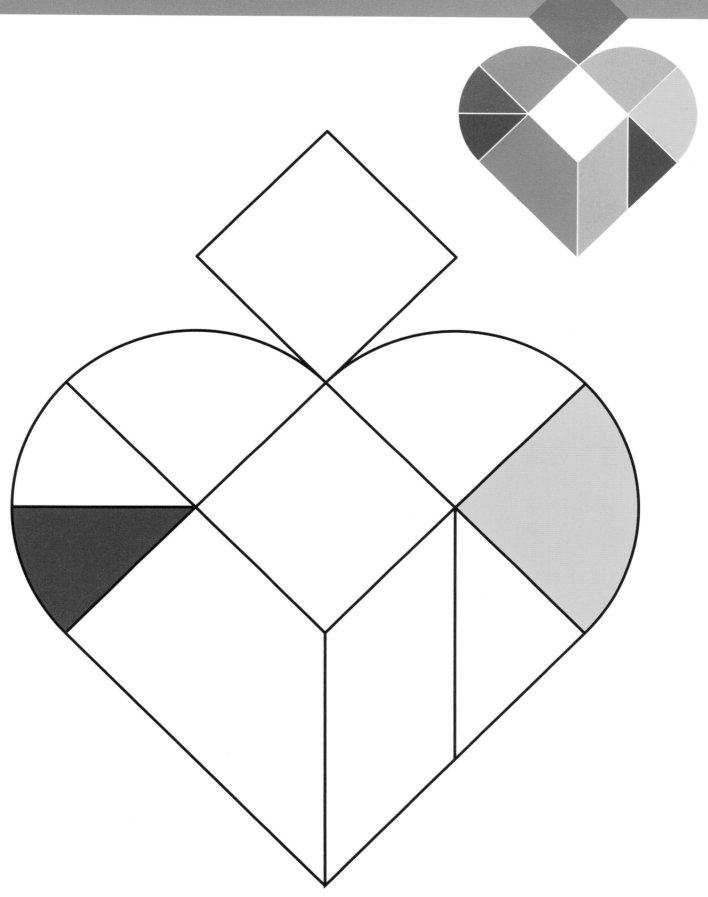

세상에는 네모 모양이 참 많아요.
네모 모양을 예쁘게 색칠해 보세요.

네모 모양

세모, 네모, 동그라미가 모여서 집 모양이 되었어요.
예쁘게 색칠해 보세요.

세모와 네모로 로봇을 만들었어요.
로봇 모양을 예쁘게 색칠해 보세요.

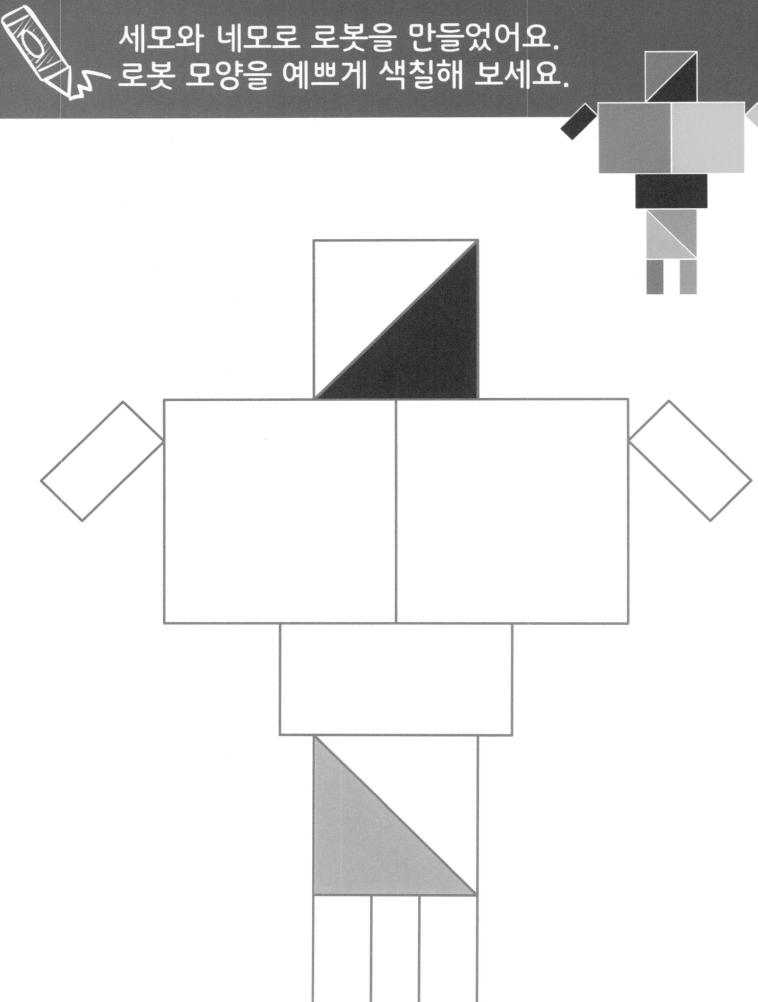

세모와 네모 모양으로 귀여운 강아지 모양을
만들었어요. 강아지 모양을 예쁘게 색칠해 보세요.

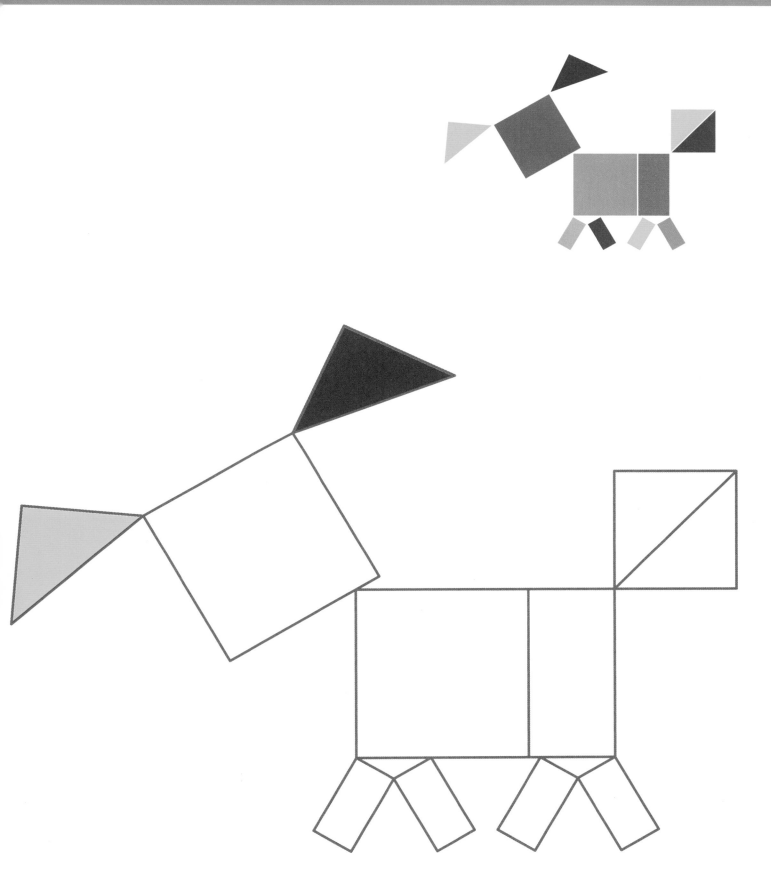

길쭉한 네모 모양이에요.
네모 모양을 예쁘게 색칠해 보세요.

네모 모양

맛있는 주스를 컵에 따랐어요.
주스를 예쁘게 색칠해 보세요.

세모와 네모로 코뿔소 모양을 만들었어요.
코뿔소 모양을 예쁘게 색칠해 보세요.

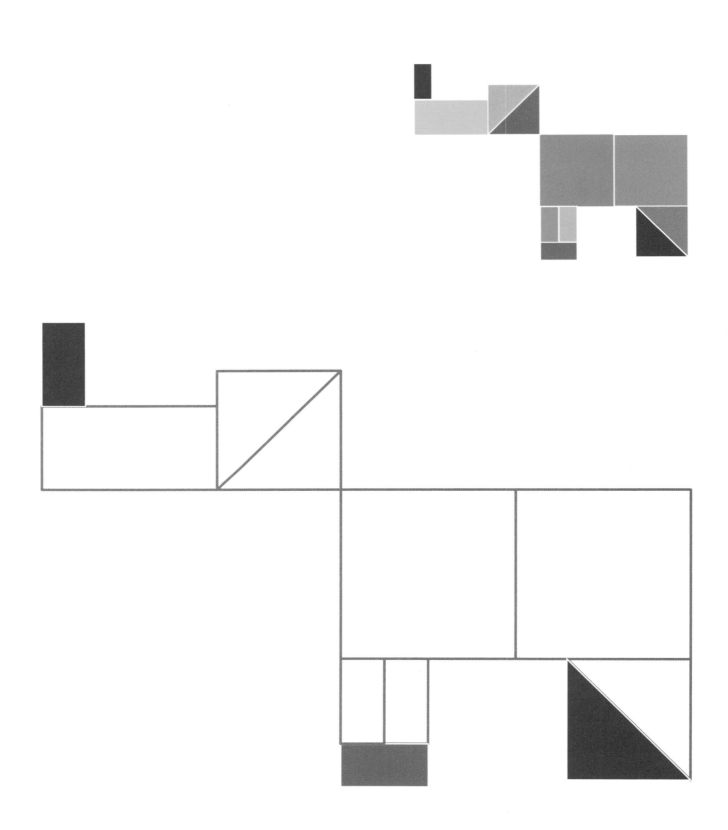

세모와 네모로 집을 만들었어요.
집 모양을 예쁘게 색칠해 보세요.

반짝반짝 빛나는 보석 다이아몬드예요.
다이아몬드 모양을 예쁘게 색칠해 보세요.

다이아몬드 모양

꼬리 달린 연이 하늘을 훨훨 날아요.
연을 예쁘게 색칠해 보세요.

세모와 네모로 빙글빙글 팽이 모양을 만들었어요.
팽이 모양을 예쁘게 색칠해 보세요.

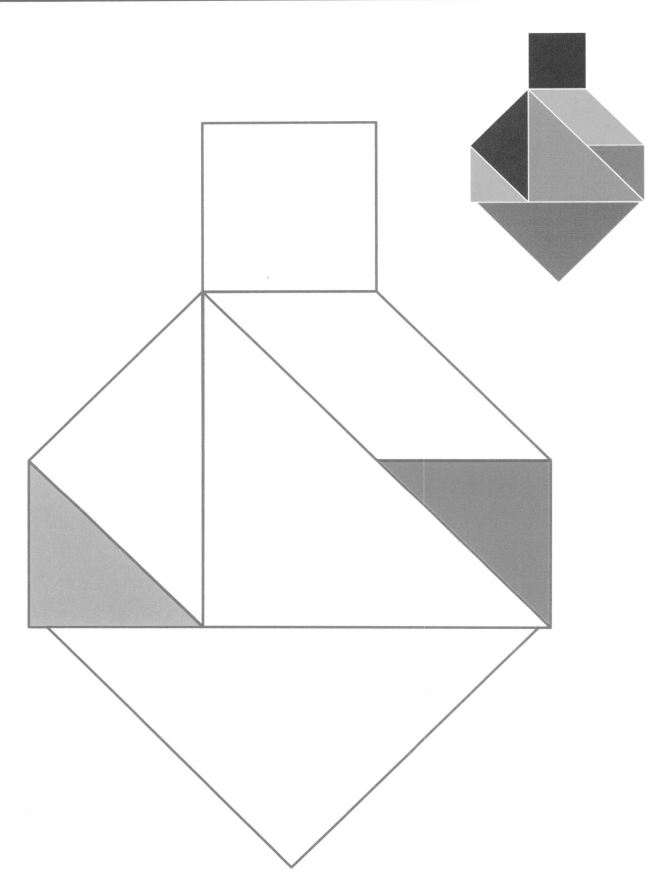

30

세모와 네모로 다이아몬드 모양을 만들었어요.
다이아몬드 모양을 예쁘게 색칠해 보세요.

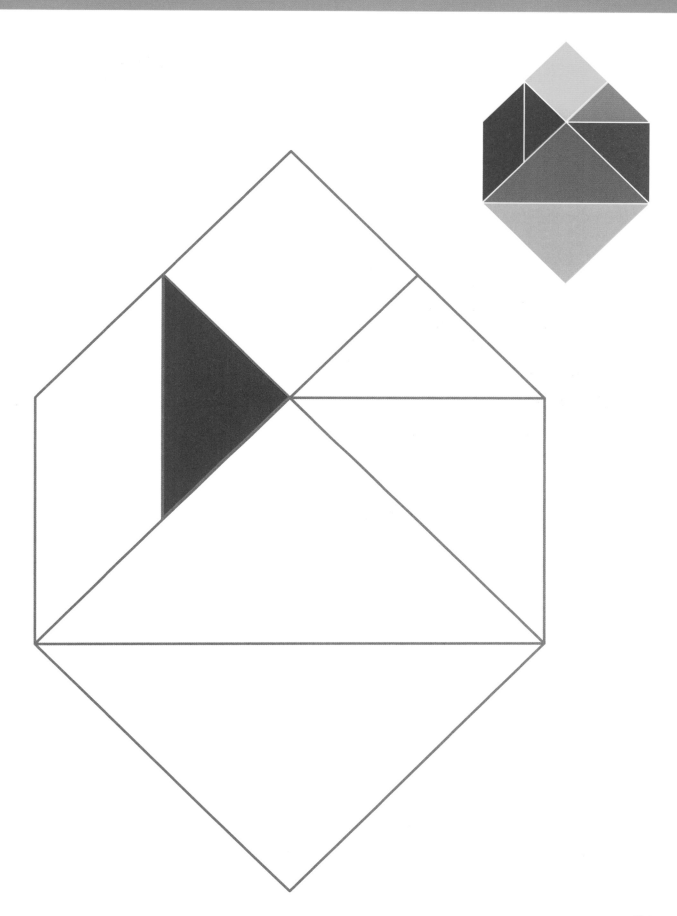

세모가 활짝 웃고 있어요.
세모 모양을 예쁘게 색칠해 보세요.

세모 모양

세모처럼 생긴 돛단배예요.
돛단배를 예쁘게 색칠해 보세요.

세모와 네모로 물고기 모양을 만들었어요.
물고기 모양을 예쁘게 색칠해 보세요.

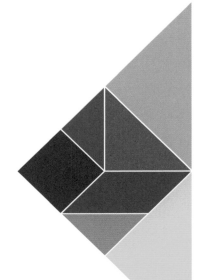

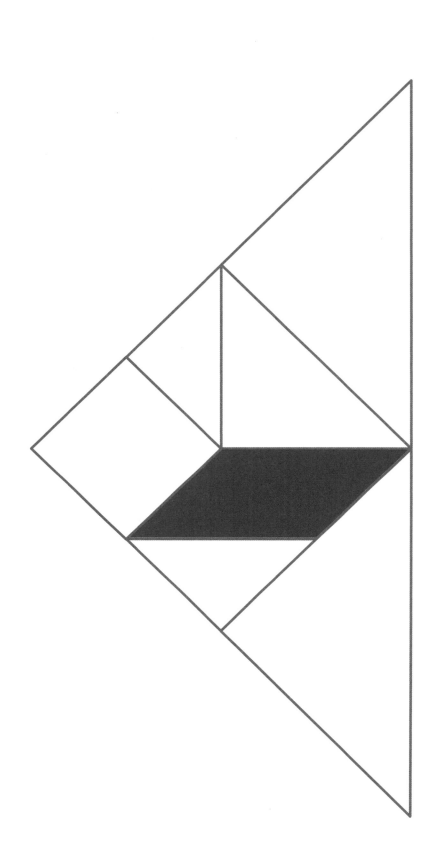

세모와 네모로 비행기 모양을 만들었어요.
비행기 모양을 예쁘게 색칠해 보세요.

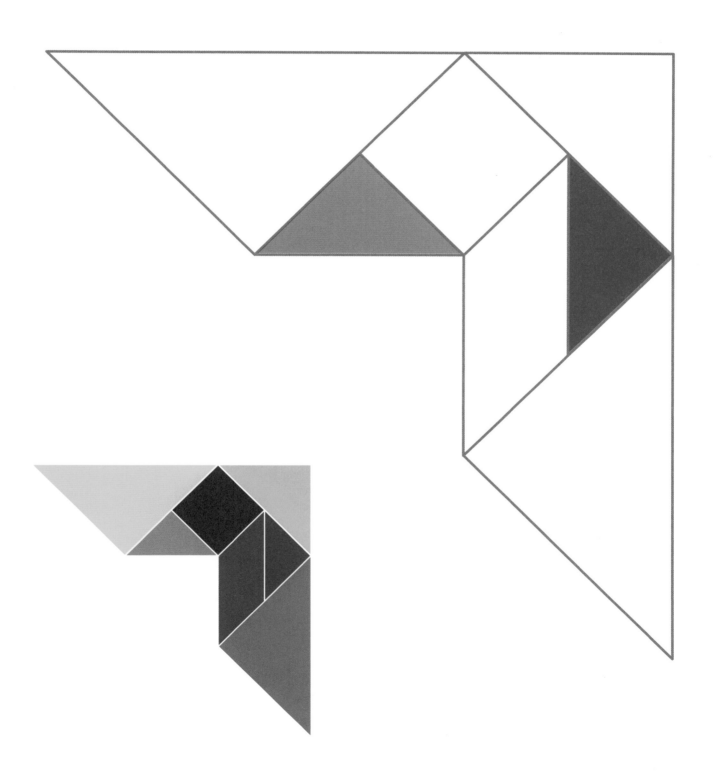

화살표가 신나게 웃고 있어요.
화살표 모양을 예쁘게 색칠해 보세요.

화살표 모양

파란 들판에 예쁜 집이 있어요.
집을 예쁘게 색칠해 보세요.

38

세모와 네모로 로켓 모양을 만들었어요.
로켓 모양을 예쁘게 색칠해 보세요.

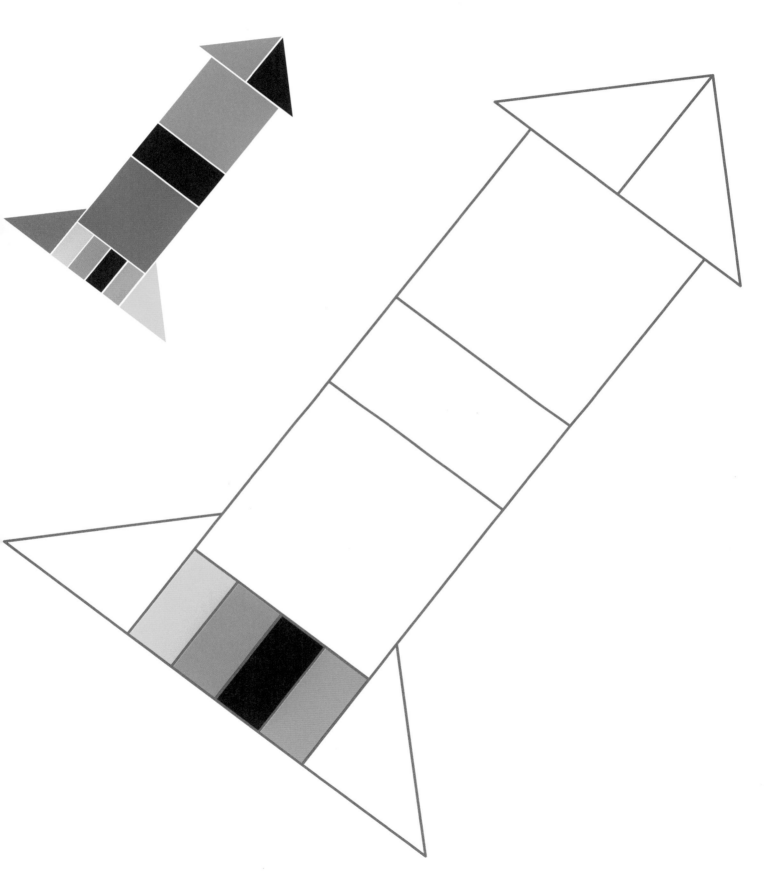

밤하늘에 반짝반짝! 별님이에요.
별 모양을 예쁘게 색칠해 보세요.

별 모양

별님과 달님 위에 귀여운 아기 토끼가 있어요.
별과 달 모양을 예쁘게 색칠해 보세요.

바닷가에 가면 불가사리를 볼 수 있어요.
불가사리를 예쁘게 색칠해 보세요.

불가사리와 모양이 비슷한 별 모양이에요.
별 모양을 예쁘게 색칠해 보세요.

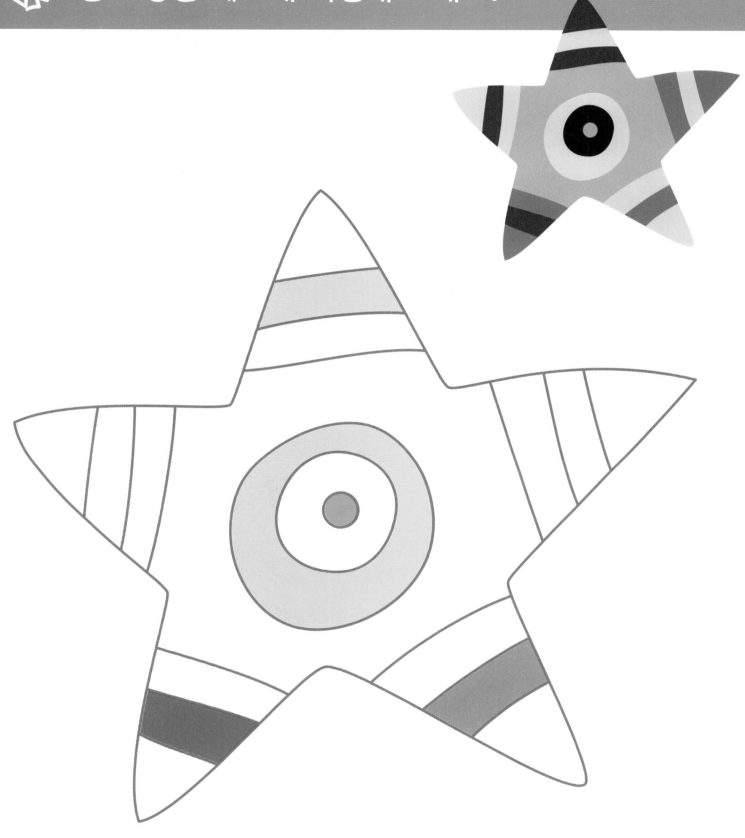

교회 지붕 꼭대기에는 십자가가 있어요.
십자가 모양을 예쁘게 색칠해 보세요.

십자가 모양

여러 모양을 이용하여 교회를 만들었어요.
교회를 예쁘게 색칠해 보세요.

멋진 뿔을 가진 사슴이에요.
사슴 모양을 예쁘게 색칠해 보세요.

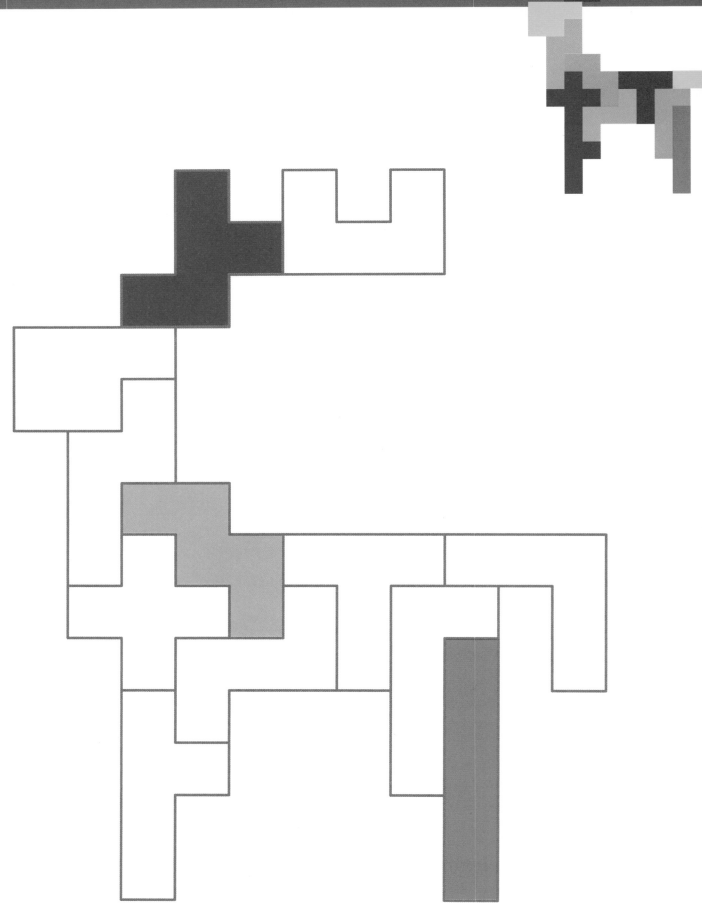

엄청나게 빨리 달리는 키다리 타조예요.
타조 모양을 예쁘게 색칠해 보세요.

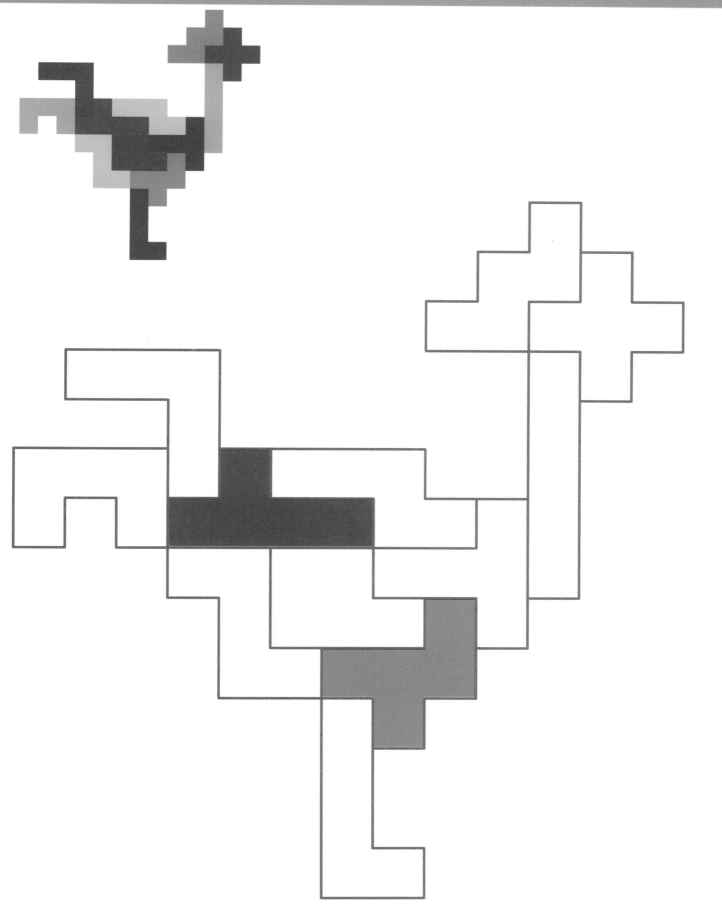

사각사각 맛있는 사과예요.
사과를 예쁘게 색칠해 보세요.

노란 열대 과일 망고예요.
망고를 예쁘게 색칠해 보세요.

한입에 쏙! 새콤달콤 맛있는 딸기예요.
딸기를 예쁘게 색칠해 보세요.

50

노랗게 잘 익은 바나나예요.
바나나를 예쁘게 색칠해 보세요.

 빨간 과육에 까만 씨가 쏙쏙 박힌 수박이에요.
수박을 예쁘게 색칠해 보세요.

뾰족뾰족 잎이 달린 파인애플이에요.
파인애플을 예쁘게 색칠해 보세요.

살랑살랑 바람을 타고 물살을 가르는 돛단배예요.
돛단배를 예쁘게 색칠해 보세요.

54

물고기처럼 물속을 다니는 잠수함이에요.
잠수함을 예쁘게 색칠해 보세요.

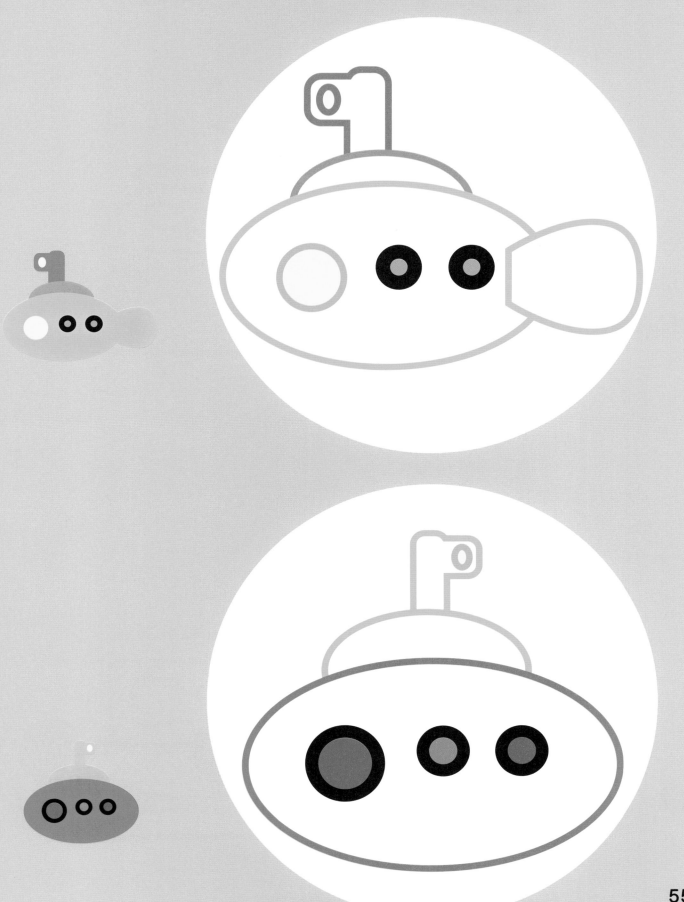

배가 물 위를 둥둥 떠 다녀요.
배를 예쁘게 색칠해 보세요.

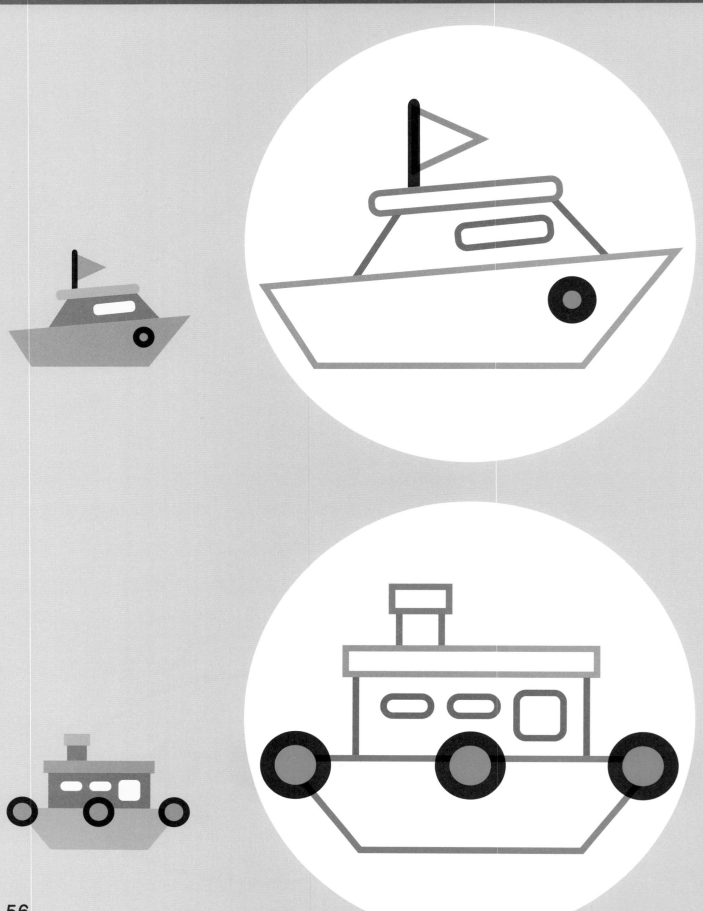

뛰뛰 빵빵! 도로를 달리는 자동차예요.
자동차를 예쁘게 색칠해 보세요.

두두두두! 날개를 돌려서 하늘을 나는 헬리콥터예요.
헬리콥터를 예쁘게 색칠해 보세요.

칙칙폭폭! 기차를 타고 여행을 떠나요.
기차를 예쁘게 색칠해 보세요.

여러 가지 모양의 꽃들이 있어요.
꽃들을 예쁘게 색칠해 보세요.

예쁜 꽃들이 피어나고 있어요.
꽃들을 예쁘게 색칠해 보세요.

여러 가지 꽃잎 모양이 있어요.
꽃들을 예쁘게 색칠해 보세요.

꽃들이 한아름 피었어요.
꽃들을 예쁘게 색칠해 보세요.

물뿌리개에 하트 모양의 꽃이 피었어요.
예쁘게 색칠해 보세요.

64

 하트 모양이 있는 물뿌리개에 예쁜 꽃들이 피었어요.
예쁘게 색칠해 보세요.

 등에 줄무늬가 있는 공룡이 나타났어요.
공룡을 예쁘게 색칠해 보세요.

목에서부터 꼬리까지 혹이 달린 공룡이에요.
공룡을 예쁘게 색칠해 보세요.

뿔이 달린 공룡이에요.
공룡을 예쁘게 색칠해 보세요.

새처럼 하늘을 나는 공룡이에요.
공룡을 예쁘게 색칠해 보세요.

공룡들이 모두 모여 사이좋게 놀고 있어요.
공룡들을 예쁘게 색칠해 보세요.

동글동글 귀여운 물고기가 헤엄을 쳐요.
물고기를 예쁘게 색칠해 보세요.

여러 무늬를 가진 물고기들이 헤엄을 쳐요.
물고기를 예쁘게 색칠해 보세요.

재주 많은 돌고래예요.
돌고래를 예쁘게 색칠해 보세요.

돌고래가 신나게 놀고 있어요.
돌고래를 예쁘게 색칠해 보세요.

물고기 여러 마리가 헤엄치고 있어요.
물고기들을 예쁘게 색칠해 보세요.

76

여러 무늬를 가진 물고기들이 헤엄치고 있어요.
물고기들을 예쁘게 색칠해 보세요.

강아지가 헬리콥터를 타요.
예쁘게 색칠해 보세요.

코끼리가 커다란 귀를 펄럭이고 있어요.
예쁘게 색칠해 보세요.

79

얼룩말이 물구나무를 서요.
얼룩말을 예쁘게 색칠해 보세요.

까만 갈기가 난 사자가 앉아 있어요.
사자를 예쁘게 색칠해 보세요.

원숭이들이 나무를 타며 놀고 있어요.
원숭이들을 예쁘게 색칠해 보세요.

하마가 모래 놀이를 해요.
하마를 예쁘게 색칠해 보세요.

엄마돼지와 아기돼지가 모여서 밥을 먹어요.
돼지 가족을 예쁘게 색칠해 보세요.

84

얼룩무늬 젖소가 풀을 뜯고 있어요.
젖소를 예쁘게 색칠해 보세요.

 강아지가 신나게 놀고 있어요.
강아지를 예쁘게 색칠해 보세요.

돼지가 웅덩이에서 목욕을 해요.
돼지를 예쁘게 색칠해 보세요.

고양이가 놀다가 물을 엎질렀어요.
고양이를 예쁘게 색칠해 보세요.

꽥꽥~ 꽥꽥! 아기 오리들이 노래를 불러요.
오리들을 예쁘게 색칠해 보세요.

벌들이 꿀을 모으고 있어요.
벌들을 예쁘게 색칠해 보세요.

비가 내리자 달팽이들이 신이 났어요.
달팽이들을 예쁘게 색칠해 보세요.

곤충들이 술래잡기를 해요.
나비를 예쁘게 색칠해 보세요.

93

파란 하늘에 잠자리 떼가 날고 있어요.
잠자리들을 예쁘게 색칠해 보세요.

95

개골개골~ 개구리들이 노래를 해요.
개구리들을 예쁘게 색칠해 보세요.

개구리가 물고기로부터 올챙이를 지켜요.
동물들을 예쁘게 색칠해 보세요.

바다 속 친구들이 물놀이를 하고 있어요.
예쁘게 색칠해 보세요.

알에서 깨어난 병아리들이 엄마 닭을 따라 봄나들이를 가요.
병아리와 엄마 닭을 예쁘게 색칠해 보세요.

곰돌이가 낚시를 해요.
물고기들을 예쁘게 색칠해 보세요.

세모처럼 생긴 돛단배예요.
돛단배를 예쁘게 색칠해 보세요.

코끼리가 꽃밭에 앉아 있어요.
예쁘게 색칠해 보세요.

토끼가 그림을 그리고 있어요.
예쁘게 색칠해 보세요.

민수네 가족이 나들이를 가요.
예쁘게 색칠해 보세요.